Yousuf Mohamed Al Wardi

Corpos orientais em cockpits ocidentais Uma análise antropométrica

Yousuf Mohamed Al Wardi

Corpos orientais em cockpits ocidentais Uma análise antropométrica

ScienciaScripts

Imprint

Any brand names and product names mentioned in this book are subject to trademark, brand or patent protection and are trademarks or registered trademarks of their respective holders. The use of brand names, product names, common names, trade names, product descriptions etc. even without a particular marking in this work is in no way to be construed to mean that such names may be regarded as unrestricted in respect of trademark and brand protection legislation and could thus be used by anyone.

Cover image: www.ingimage.com

This book is a translation from the original published under ISBN 978-620-2-02281-1.

Publisher:
Sciencia Scripts
is a trademark of
Dodo Books Indian Ocean Ltd. and OmniScriptum S.R.L publishing group

120 High Road, East Finchley, London, N2 9ED, United Kingdom
Str. Armeneasca 28/1, office 1, Chisinau MD-2012, Republic of Moldova, Europe
Printed at: see last page
ISBN: 978-620-7-98262-2

AGRADECIMENTOS

A "Natureza" pode ser uma possibilidade, uma vez que a sua "missão" inclui a disponibilização de um meio de discussão de questões de interesse científico. A incompatibilidade entre as diferentes caraterísticas étnicas do corpo e os cockpits dos aviões é uma questão frequentemente encontrada e este livro dá ênfase a esse facto. A ideia deste livro foi gradualmente desenvolvida ao longo de um período de tempo como resultado de grandes discussões com colegas e amigos construtivos.

Os meus agradecimentos especiais vão para a minha filha, Asala, pelo seu entusiasmo, apoio e encorajamento. A sua ajuda como revisora de língua inglesa não pode ser negligenciada. Estou grato à minha querida esposa, pela sua compreensão e paciência para comigo durante o tempo em que trabalhei neste livro.

Estou em dívida para com a Hannah Claire Carrol; The Lone Potato pelos seus desenhos feitos à medida e para com o Dr. Hamed Al Reesi pela sua grande ajuda na aquisição das estatísticas incluídas neste livro. Estou também grato à editora Olga Iriciuc pela sua confiança e entusiasmo neste trabalho.

Yousuf M. Al Wardi

agosto de 2017

ÍNDICE DE CONTEÚDOS

2

CAPÍTULO 1
INTRODUÇÃO

Antecedentes

O corpo humano tem sofrido alterações consideráveis na sua forma e tamanho ao longo dos tempos. Um aumento da altura e do peso, para além de pernas mais longas e rácios cintura-quadril mais elevados são algumas das alterações mais proeminentes registadas. Durante a fase de projeto de uma aeronave, é dada especial atenção à implementação de caraterísticas que aumentem a vida útil das aeronaves. Por conseguinte, são concebidas e fabricadas para durar algumas décadas. Os cockpits das aeronaves são concebidos para se adaptarem a um conjunto de dados antropométricos que são relevantes no momento do fabrico e da utilização da aeronave. Devido às mudanças drásticas no corpo humano ao longo do tempo, existe um desfasamento contínuo entre as dimensões dos cockpits das aeronaves e as dimensões antropométricas da tripulação. Este desfasamento tornou-se ainda mais drástico com a introdução de tripulações femininas e de grupos minoritários.

Os dados antropométricos existentes no sector da aviação são limitados e desactualizados, o que, em última análise, faz com que os fabricantes de aeronaves não disponham de dados suficientes para ter em conta a evolução contínua da antropometria do corpo humano. Consequentemente, esta situação tem causado problemas no sector da aviação à medida que o tempo avança.

A qualidade dos dados antropométricos obtidos tem-se alterado ao longo dos anos. Anteriormente, eram utilizados instrumentos tradicionais, como fitas métricas e paquímetros, para efetuar os levantamentos antropométricos. Para ajudar a melhorar os padrões de recrutamento antropométrico, é atualmente utilizada uma combinação de modelação humana, software de animação, otimização matemática, scanners 3D de corpo inteiro e digitalizações a laser dos membros da tripulação.

A questão tornou-se mais complicada devido à imposição de novos equipamentos de proteção individual a utilizar pela tripulação aérea, para além dos instrumentos adicionais a utilizar, como o head up display (HUD) e os óculos de visão nocturna (NVG).

Antropometria

A antropometria refere-se à medição das caraterísticas físicas do corpo humano. Isto inclui as dimensões, formas e força. É o estudo da medição do corpo humano para utilização na classificação e comparação antropológica, que desempenha um papel importante no design industrial e na ergonomia. A operação de aeronaves é considerada uma das mais complexas e altamente exigentes, o que sublinha a importância de ter em conta a antropometria durante a conceção do cockpit, uma vez que este tem de se adaptar tanto ao maior como ao mais pequeno indivíduo recrutado para a operação. A incorporação do conhecimento das dimensões antropométricas na fase de conceção melhora a interação entre o equipamento e o ambiente com os utilizadores humanos. As mudanças nos estilos de vida, na nutrição e na composição étnica da população conduziram a alterações na distribuição das dimensões corporais, o que sublinha a importância de atualizar regularmente as recolhas de dados antropométricos. Isto é essencial porque muitos sistemas de aeronaves permanecem em serviço durante um longo período.

A antropometria é considerada crucial no processo de seleção dos aviadores no contexto militar (Sharma, Raju, & Agarwal, 2007). A exigência de um padrão antropométrico rigoroso é essencial para garantir a segurança da operação da aeronave, o conforto dos pilotos e a eficácia do cumprimento da missão.

Existem cinco medidas, apresentadas nas Figuras 1-1 e 1-2, que são consideradas como as variáveis básicas necessárias para que um indivíduo possa caber no cockpit de uma aeronave. Estas cinco variáveis podem ser definidas da seguinte forma:

1. Altura de pé ou estatura: A distância vertical entre uma superfície de pé e o topo da cabeça é medida com um antropómetro. O indivíduo fica de pé, ereto, com a cabeça virada para a frente. Os calcanhares estão juntos e o peso é distribuído igualmente por ambos os pés, com os ombros e os membros

superiores relaxados.

2. Altura da posição sentada: A distância vertical entre uma superfície sentada e o topo da cabeça é medida com um antropómetro. O indivíduo senta-se de forma erecta, com a cabeça virada para a frente. Os ombros e os braços estão relaxados e os antebraços e as mãos estão estendidos horizontalmente para a frente. As coxas estão paralelas e os joelhos estão flectidos a 90°, com os pés alinhados com as coxas.

3. Comprimento da perna (comprimento nádega-calcanhar): Sentado num antropómetro, de costas para a parede, com as duas pernas esticadas e as nádegas encostadas à parede o mais possível: a medição é feita a partir da parede até ao calcanhar, em contacto ligeiro com o calcanhar esquerdo.

4. Comprimento da coxa (comprimento nádega-joelho): A distância horizontal entre uma placa de nádegas colocada no ponto mais posterior de cada nádega e o ponto anterior do joelho direito é medida com um antropómetro. O indivíduo senta-se ereto, com as coxas paralelas e os joelhos fletidos a 90°, com os pés alinhados com as coxas.

5. Alcance do braço: sentado, ereto, com as costas e as nádegas firmemente encostadas à parede do antropómetro: pressão igual dos ombros contra a parede: braços estendidos horizontalmente, com o polegar e os quatro dedos opostos, o polegar alinhado com o antebraço estendido: medição da parede final à sonda de referência na ponta do polegar.

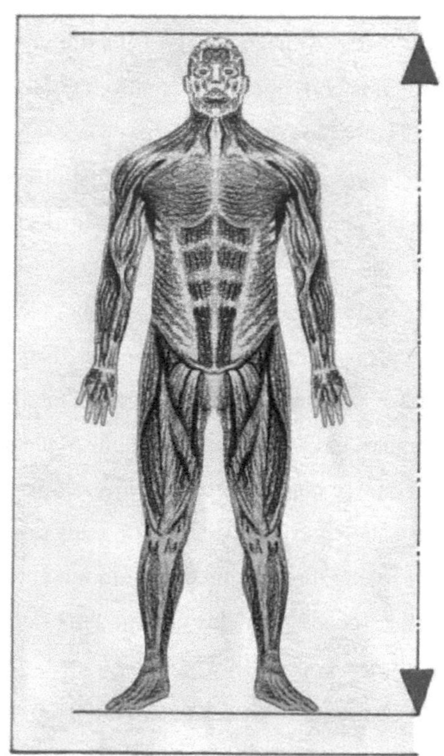

Figura1-1 A altura de pé

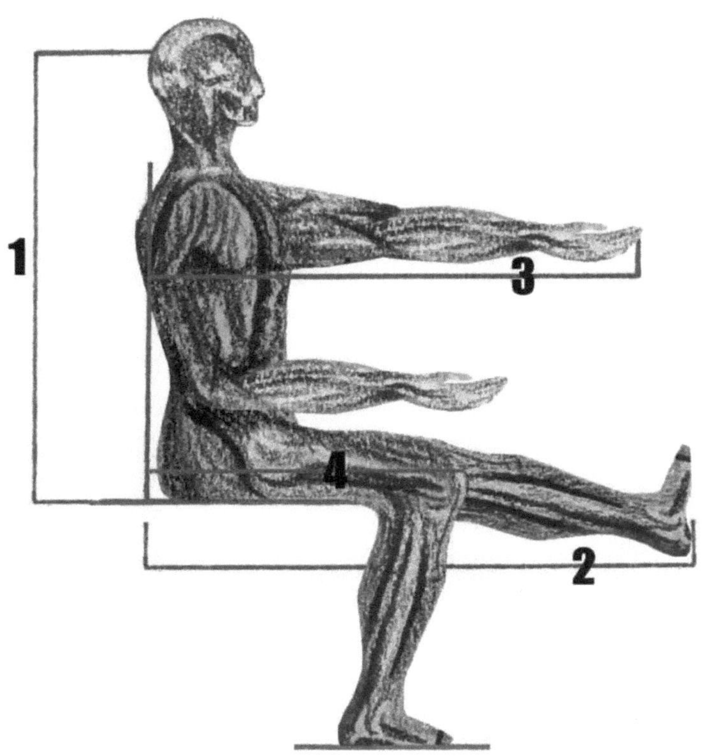

Figura1-2 As quatro medidas antropométricas relevantes.

Reference Number	Anthropometric Dimension
1	Sitting height
2	Leg length (buttock-heel length)
3	Arm reach
4	Thigh length (buttock-knee length)

Cockpit do avião

A otimização da compatibilidade entre a tripulação e a aeronave é de primordial importância na aviação militar para a execução precisa das tarefas e para a manutenção da segurança de voo. O cockpit da aeronave é considerado um dos postos de trabalho mais complexos. A conceção e a disposição do cockpit requerem o conhecimento das dimensões antropométricas humanas para facilitar a compatibilidade entre a tripulação e a aeronave. Por conseguinte, a antropometria é considerada crucial no processo de seleção de aviadores no contexto militar (Choi et al., 2009; Lee et al., 2013; Macmillan, 2006; Sharma et al., 2007; Singh et al.,1995), sendo que as dimensões antropométricas críticas para a seleção de tripulações praticadas na maioria das forças de defesa são: altura do assento, comprimento do braço (alcance funcional), comprimento da perna (nádega-joelho) e comprimento da coxa (nádega-joelho).

Foi afirmado que os critérios antropométricos da cabina de pilotagem das aeronaves desenvolvidas nos países ocidentais se baseiam nos dados dos percentis 5 e 95 do pessoal dos EUA e do Reino Unido (Macmillan, 2006; Singh et al., 1995). Reconhece-se também que os engenheiros de conceção de aeronaves concebem o seu cockpit de modo a que apenas cerca de 12-15% da população em geral seja demasiado pequena ou demasiado grande para operar a aeronave (Macmillan, 2006). Está documentado que as mudanças nos estilos de vida, na nutrição e na mistura racial de uma população conduziram a mudanças seculares nas dimensões corporais da raça humana em diferentes regiões do mundo e os Estados Árabes do Golfo não são uma exceção (Bartholomew, 1980; Himes, 1979; Tanner et al., 1982; Tomkinson et al., 2010).

Cockpit e dimensões antropométricas críticas

O aviador tem de cumprir os cinco requisitos básicos de medidas antropométricas para se poder acomodar no cockpit. É importante uma visão abrangente do campo exterior, para além de um alcance funcional adequado do braço, que é fundamental durante uma emergência. Em caso de ejeção, o espaço livre no cockpit e na capota é uma das áreas imperativas a considerar. O comprimento adequado das pernas determina a eficácia do acionamento do pedal do leme.

Ponto de referência do banco (SRP)

O SRP situa-se na linha central da placa do assento do banco onde esta se encontra com o encosto do banco. É definida no âmbito de uma regulação fixa, como indicado na figura 1-3. O assento, numa aeronave militar, encontra-se numa posição fixa com ajustamentos mínimos. Deve acomodar a tripulação que usa uma vasta gama de equipamento de proteção pessoal normalmente fornecido para operações militares. O ponto de referência do assento influencia significativamente a conceção global da cabina de pilotagem, que se manifesta na aerodinâmica da aeronave, nas questões de conceção relacionadas com a segurança e a ejeção e na visibilidade tanto no interior como no exterior da cabina. Para além de proporcionar um conforto adequado ao piloto. Os comandos de voo devem estar ao alcance da mão e livres de qualquer constrangimento. O ponto de referência escolhido para o assento também deve proporcionar uma posição confortável para o piloto.

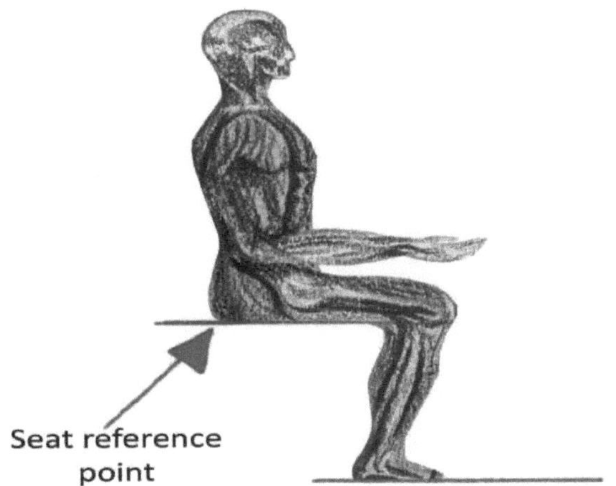

Figura1-3 O ponto de referência da cadeira

Requisito visual

O ponto ocular de referência (REP) é definido como o ponto onde os olhos do piloto proporcionam uma visão adequada do mundo exterior (Figura 1-4). Deve ter-se em conta que os ecrãs frequentemente utilizados na cabina de pilotagem se encontram no campo visual do piloto. O ponto de referência ocular de projeto (DERP) é um aspeto importante quando se trata de projetar cabinas de pilotagem, uma vez que permite a visualização adequada dos principais instrumentos dentro da cabina de pilotagem, mantendo simultaneamente uma visão razoável do exterior com apenas ligeiros movimentos da cabeça. A visibilidade total de todos os instrumentos de voo e de quaisquer luzes de aviso na cabina de pilotagem é essencial para uma operação de voo segura. É igualmente importante que, durante a aproximação e a aterragem normais, a visão para a frente fora da cabina de pilotagem seja suficientemente clara para realizar a tarefa de forma eficiente e segura.

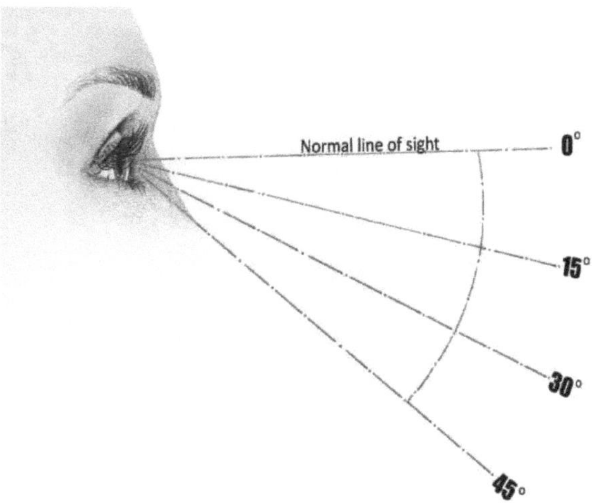

Figura 1-4 O campo visual

Alcance funcional

Durante as operações militares, é necessário que as funções sejam desempenhadas de forma eficiente e tão segura quanto possível. Para facilitar esta tarefa, todos os comandos da cabina de pilotagem devem estar ao alcance do piloto. As tripulações militares estão limitadas a ajustes limitados do assento, exigem o uso de uma vasta gama de vestuário de proteção, para além do uso de arneses multipontos para uma retenção segura (Trudgill, M. J., & Harrigan, 2016). Este facto realça a importância do parâmetro de alcance funcional.

As alavancas, pedais e manípulos devem ser efetivamente alcançados e operados em toda a sua capacidade. Isto é normalmente assegurado utilizando as dimensões antropométricas relevantes da tripulação mais pequena prevista para operar na cabina de pilotagem para identificar os requisitos de alcance máximo. A Figura 1-5 ilustra o envelope de alcance funcional considerando os percentis 5 e 95 .

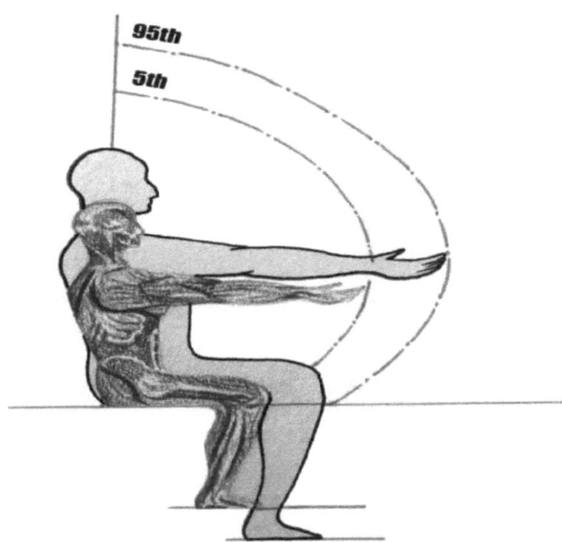

Figura1-5 O Envelope de Alcance Funcional.

Antropometria e factores humanos

Factores humanos é um termo dado ao estudo do comportamento humano quando exposto a uma determinada situação. Envolve a análise e a compreensão das interações entre o ser humano e os elementos do sistema, a fim de otimizar o desempenho global do sistema e garantir o bem-estar e o conforto do ser humano.

Abrange os aspectos fisiológicos e psicológicos do indivíduo.

Os factores humanos na indústria da aviação ganharam gradualmente popularidade após a constatação de que as causas de uma elevada percentagem dos acidentes e incidentes de aviação são atribuídas a falhas humanas e não a falhas mecânicas. Trata-se de uma ciência abrangente que incorpora uma série de outras disciplinas, incluindo a engenharia, a psicologia, a estatística e a antropometria (Human Factors 2008).

Como já foi referido, a antropometria é a medição científica e a recolha de dados sobre o tamanho, a forma, a força e a capacidade de trabalho do corpo. A antropometria é um dos aspectos fundamentais quando se analisam os factores humanos. É fundamental examinar a forma como as dimensões antropométricas de um corpo humano desempenham um papel no aumento ou na diminuição das hipóteses de ocorrência de um erro humano.

Os factores humanos investigam a capacidade humana e a forma de a aplicar à conceção, desenvolvimento e implementação de diferentes sistemas ou serviços, a fim de obter o máximo desempenho que pode ser alcançado por um indivíduo com um risco minimizado de lesões (Human Factors 2008). O corpo humano não pode ser redesenhado, pelo que é necessário conceber sistemas e equipamentos que se adaptem adequadamente às caraterísticas do corpo humano. O principal papel dos engenheiros de factores humanos é integrar os dados científicos sobre as capacidades físicas humanas na conceção de equipamentos, ferramentas, sistemas e operações. Se implementados corretamente, o conforto e o desempenho do utilizador são melhorados.

A antropometria deve ser considerada numa fase inicial do processo de conceção e aplicada corretamente. Uma inadequação antropométrica ou uma aplicação incorrecta pode provocar desconforto desnecessário e erros humanos que, por conseguinte, resultam em incidentes e acidentes. Assegurar que os sistemas são concebidos para se adaptarem ao indivíduo ajuda a evitar custos desnecessários associados a acidentes e incidentes.

CAPÍTULO 2
CORPOS ORIENTAIS EM COCKPITS OCIDENTAIS - UM ESTUDO DE CASO

Introdução

O mercado de aeronaves militares está a prosperar devido à concorrência entre os países em desenvolvimento para reforçar o seu poder militar *(The Dwight D. 2015)*. *Tal* como na maioria dos países do Médio Oriente, também Omã estabeleceu a sua Força Aérea utilizando aeronaves ocidentais e o seu pessoal *(Royal Air Force of Oman 2016)*. A expansão da Royal Air Force of Oman (RAFO), impulsionada pelo crescimento económico de Omã, foi facilitada pelo destacamento de pessoal de defesa experiente do Reino Unido, dos EUA e de outros países ocidentais (Loan Officers Program) para Omã, a fim de incentivar a formação da mão de obra omani. Desde a década de 1980, o aumento do estatuto socioeconómico, da educação e da motivação dos omanis facilitou a substituição de trabalhadores expatriados por pessoal omani com formação ao abrigo da política de omanização, o que, por sua vez, reforça a autossuficiência dos recursos humanos locais e garante baixas taxas de desemprego entre os jovens locais *(Analysis of Omanization 2016; What is Omanization 2016)*. Esta política teve um impacto em todos os domínios da RAFO, provocando assim a cessação gradual dos "agentes de empréstimo" *(The RAFO Evolution 2016)*.

É óbvio que os fabricantes de aeronaves militares ocidentais teriam concebido o seu espaço de trabalho no cockpit a partir dos dados antropométricos da sua população local ou ajustado de acordo com os dados fornecidos pelas forças de defesa clientes, de modo a alcançar um equilíbrio entre o desempenho ótimo da aeronave e a seleção eficaz da tripulação da população em geral (Ross et al. 2007; Singh et al. 1995). As normas de seleção antropométrica dos aviadores na RAFO foram formuladas a partir das normas de seleção utilizadas pelas forças aéreas ocidentais. Não foi encontrada qualquer documentação sobre problemas de incompatibilidade entre a tripulação e a aeronave na RAFO, o que pode dever-se ao facto de estes "oficiais emprestados" treinados estarem a operar aeronaves semelhantes (Scottish Aviation Pioneers, BAC Strikemaster, Hawker Hunter, Jaguar, F16, Lockheed C-130J, C-130 Hercules, NH90, Bell 206, Bell 429, BAE Hawk, etc.) em Omã às dos seus países de origem. A gradual omanização do pessoal de tripulação da RAFO levou à colocação de corpos orientais em cockpits ocidentais e, consequentemente, a um dilema de aumento das taxas de rejeição de recrutas, a fim de não comprometer a interface crítica máquina-homem devido a padrões antropométricos incompatíveis. Os dados antropométricos dos países do Médio Oriente são limitados. Até agora, não foi publicado nenhum estudo sobre os dados antropométricos dos recrutas da tripulação aérea de Omã e, por isso, este estudo foi realizado para obter alguns dados baseados em provas neste domínio.

O objetivo do estudo era obter dados antropométricos abrangentes dos recrutas de Omã e analisar antropometricamente o padrão das taxas de rejeição. Este estudo foi também realizado para explorar mais aprofundadamente a eventual necessidade de rever as diretrizes antropométricas para a seleção da tripulação aérea da RAFO, a fim de examinar eficazmente os recursos humanos locais disponíveis sem comprometer a interface óptima entre o cockpit e o ser humano. Além disso, estes dados do inquérito antropométrico servirão de base de dados para futuras análises alargadas.

Os limites antropométricos padrão da RAFO praticados desde a sua criação (que, na realidade, foram adoptados da Royal Air Force, Reino Unido) são uma altura em pé de 162 a 188 cm, uma altura sentada de 86,5 a 101 cm, um alcance do braço de 74 a 90 cm, um comprimento da coxa de 56 a 66 cm e um comprimento da perna de 100 a 120 cm. A adoção destes limites na seleção dos aviadores continua a ser considerada como facilitando um ambiente de trabalho eficaz para executar com segurança as tarefas críticas de voo, bem como os procedimentos durante as emergências de aeronaves (SAF MAI 2001).

Método

Os recrutas de Omã para a seleção de tripulações aéreas foram inicialmente avaliados quanto à sua estatura. 3000 candidatos foram submetidos a um rastreio para a seleção de tripulações aéreas durante o período de 2003 a 2012. O processo de seleção das tripulações aéreas teve lugar no mesmo centro médico, tendo as medições antropométricas sido efectuadas pelo mesmo pessoal experiente, utilizando um equipamento antropométrico manual, sob a supervisão do oficial médico da estação. A norma de antropometria de recrutamento da RAFO limita a altura em pé entre 162 cm e 188 cm. Assim, apenas 2296 candidatos que tinham uma altura de pé dentro destes limites foram selecionados para uma avaliação antropométrica completa. Estes dados antropométricos dos recrutas foram recolhidos retrospetivamente a partir dos ficheiros de recrutamento mantidos no centro médico da estação de recrutamento da RAFO. Os recrutas eram apenas do sexo masculino, uma vez que não existem pilotos do sexo feminino na RAFO.

Os dados foram posteriormente recolhidos e analisados utilizando o software Statistical Package for the Social Sciences (SPSS) versão 20. Os dados foram inicialmente codificados antes de serem introduzidos na folha do SPSS e, em seguida, foram analisados para detetar quaisquer dados incompletos ou em falta. Não havia dados errados ou em falta, pelo que a análise dos dados foi efectuada em todos os casos.

Foi efectuada uma análise estatística descritiva de todas as variáveis e os resultados foram tabulados como médias, medianas, desvios-padrão e percentis. O cumprimento dos padrões antropométricos da RAFO entre os recrutas foi ainda analisado para corroborar a taxa de rejeição adicional. Posteriormente, os recrutas foram divididos em dois subgrupos, utilizando uma altura de 165 cm como ponto de corte para uma análise comparativa das taxas de rejeição e das causas de inaptidão antropométrica relativamente aos restantes candidatos.

Resultados

Dos 3000 candidatos omanenses que foram submetidos a um rastreio inicial para a determinação da altura de pé, 704 candidatos não cumpriram os critérios, o que corresponde a uma taxa de rejeição inicial de 23,4%. Entre os restantes 2296 candidatos à seleção da tripulação aérea, a idade média, o peso corporal médio e o IMC médio observados foram, respetivamente, 20,10 anos (DP= 2,3), 64,09 kg (DP= 9,5) e 21,7 (DP= 3,1). Os valores médios de 5 parâmetros antropométricos significativos para a aviação, como a altura em pé, a altura sentada, o alcance do braço, o comprimento da coxa e o comprimento da perna, foram 171,9 cm (DP= 4,9), 90,3 cm (DP= 2,7), 77,1 cm (DP= 3,3), 58,6 cm (DP= 2,9) e 104,9 cm (DP= 4,1), respetivamente. 86% (n= 1968) cumpriam todas as normas de aptidão antropométrica da RAFO para funções de tripulação aérea e os restantes 14% (n= 328) eram inaptos devido ao incumprimento de um ou mais parâmetros antropométricos.

A média, o desvio-padrão e a distribuição em percentis dos candidatos antropometricamente aptos e inaptos são apresentados, respetivamente, nos quadros 2-1 e 2-2.

Tabela 2-1 Distribuição dos candidatos antropometricamente aptos (n= 1968).

		Standing Height (cm)	Sitting Height (cm)	Arm Reach (cm)	Thigh Length (cm)	Leg Length (cm)
Mean		172.8	90.7	77.6	58.8	105.5
Std. Deviation		4.6	2.6	2.9	2.2	3.8
Minimum		162.5	86.5	74.0	56.0	100.0
Maximum		188.0	99.0	90.0	66.0	120.0
Percentiles	3	165.0	86.5	74.0	56.0	100.0
	5	166.0	86.5	74.0	56.0	100.0
	50	172.5	90.5	77.0	58.5	105.0
	95	181.4	95.0	83.0	63.0	113.0
	98	183.0	96.8	85.0	64.0	114.5

Tabela 2-2 Distribuição dos candidatos antropometricamente inaptos (n= 328).

		Standing Height (cm)	Sitting Height (cm)	Arm Reach (cm)	Thigh Length (cm)	Leg Length (cm)
Mean		166.7	88.0	73.9	57.2	101.2
Std. Deviation		3.7	2.6	3.9	5.6	3.5
Minimum		162.3	76.5	51.5	50.0	94.5
Maximum		188.5	98.7	87.0	88.0	120.0
Percentiles	3	162.5	84.0	69.5	53.0	96.5
	5	163.0	84.0	70.0	53.5	97.0
	50	166.0	88.0	73.8	56.0	100.5
	95	173.6	92.5	80.9	68.6	107.4
	98	179.0	94.3	83.1	81.6	110.8

A análise estatística dos dados segregados dos candidatos cuja estatura era até 165 cm é apresentada na Tabela 2-3. 7% (n= 158) dos candidatos tinham uma estatura inferior a 165 cm. 3/4 (n= 112) destes candidatos não estavam aptos num ou em muitos dos outros padrões antropométricos da RAFO, ou seja, altura sentada, alcance do braço, comprimento da coxa e comprimento da perna. Estes constituíam 34% de todos os candidatos antropometricamente inaptos. Destes 158 candidatos com menos de 165 cm, cerca de metade (n=75) eram antropometricamente inaptos devido a múltiplos parâmetros antropométricos abaixo do padrão.

Tabela 2-3 Distribuição dos candidatos com menos de 165 cm de altura em pé.

		Standing Height (cm)	Sitting Height (cm)	Arm Reach (cm)	Thigh Length (cm)	Leg Length (cm)
N		158				
Mean		163.7	87.1	74.2	56.0	99.9
Std. Deviation		0.7	1.9	2.5	3.2	2.2
Minimum		162.3	76.5	68.5	50.0	94.5
Maximum		164.9	92.6	82.5	86.0	108.0
Percentiles	3	162.5	83.9	70.0	53.0	95.9
	5	162.5	84.0	70.0	53.5	96.5
	25	163.2	86.5	72.0	55.0	98.6
	50	163.9	87.0	74.0	56.0	100.0
	75	164.2	88.0	75.0	56.5	101.0
	95	164.7	90.0	79.2	58.0	104.0
	98	164.9	91.5	80.2	60.9	105.0

A distribuição percentual da inaptidão antropométrica nos dois subgrupos mencionados anteriormente é apresentada na Figura 2-1. A maioria das rejeições antropométricas em ambos os grupos deveu-se ao facto de não satisfazerem o limite mínimo das normas antropométricas de recrutamento de tripulantes, exceto no caso dos 10 candidatos com uma altura superior a 165 cm e com uma medida do comprimento da coxa superior aos limites normalizados para a seleção de tripulantes.

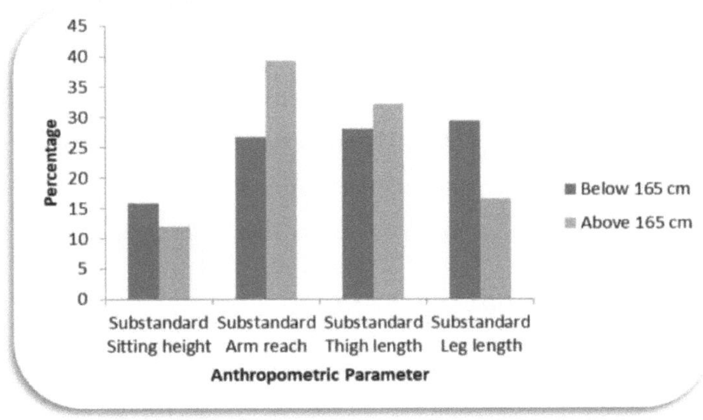

Figura 2-1 Causas de inaptidão antropométrica abaixo do padrão.

Discussão

Este estudo fornece uma compreensão preliminar da distribuição antropométrica dos candidatos omanenses à seleção de tripulantes das forças armadas de Omã e fornece dados importantes para consideração aeromédica.

Taxa de rejeição antropométrica do recrutamento

Neste estudo, verificou-se que 14% dos candidatos omanenses que foram submetidos a uma avaliação antropométrica pormenorizada não estavam aptos em pelo menos um parâmetro antropométrico, de acordo com as normas actuais da RAFO. Isto para além de uma taxa de rejeição inicial de 23,4% baseada apenas na altura em pé. Foram encontrados resultados semelhantes num estudo com candidatos a tripulantes da Força Aérea Indiana (Patil e Taneja 2006).

Estas conclusões são também apoiadas pela literatura, onde se descreve que os engenheiros de aeronaves militares concebem o cockpit de modo a que apenas 12-

15% da população seja demasiado pequena ou demasiado grande para operar a aeronave (Macmillan 2006). Por outro lado, a taxa de rejeição total de 37,4% dos candidatos de Omã, do ponto de vista antropométrico, reforça a preocupação de que as aeronaves ocidentais adquiridas, concebidas em função dos seus dados antropométricos nativos, podem não facilitar a utilização óptima da mão de obra das populações de países orientais, como Omã, para a seleção da tripulação.

Incompatibilidades antropométricas

A literatura sugere que a antropometria é uma consideração importante na aviação militar e que as normas de aptidão física são estabelecidas para facilitar a compatibilidade entre a tripulação e a aeronave e a segurança de voo. Neste estudo, é evidente que a incompatibilidade antropométrica é uma das principais preocupações para a desqualificação na seleção da tripulação aérea, à semelhança de vários outros estudos (Patil e Taneja 2006; Venkatesh, Taneja e Pant 2006). O presente estudo mostra que um comprimento de perna inferior ao padrão e um alcance de braço inferior ao padrão foram as principais causas de rejeição para as pessoas com altura inferior a 165 cm e superior a 165 cm, respetivamente. A segunda causa principal em ambos os grupos foi o comprimento da coxa inferior ao padrão. Um padrão semelhante é observado noutros estudos (Patil e Taneja 2006; Singh et al. 1995).

Critérios de seleção antropométrica e percentis

Tal como referido anteriormente, o cockpit da aeronave foi concebido para acomodar nominalmente o percentil 5 a 95 da população em termos de parâmetros antropométricos significativos para a aviação. É compreensível que um único indivíduo possa não ter todos os parâmetros antropométricos dentro dos percentis adequados para a seleção da tripulação aérea e, por conseguinte, enfrentar a possibilidade de rejeição (Macmillan 2006), mas as tendências de crescimento do corpo ao longo dos últimos 100 anos entre a população mundial podem ser distorcidas por uma mistura cultural, diferenças intergeracionais, raciais e de forma (Tomkinson et al., 2010). Por conseguinte, pode haver uma possibilidade significativa de diferenças antropométricas (particularmente diferenças segmentares) entre as populações ocidentais e do Médio Oriente. Isto pode dar origem a graves problemas ergonómicos quando se utilizam as mesmas máquinas (Singh et al., 1995). Neste estudo, verificou-se que aqueles que passaram o padrão de tripulação aérea RAFO para a altura em pé, mas falharam noutros parâmetros antropométricos significativos para a aviação, tinham a medida padrão mínima de recrutamento em torno do percentil 50. Assim, os resultados do presente estudo também sugerem esta ideologia relativamente às dimensões corporais dos candidatos omanenses.

Revisão das diretrizes antropométricas da RAFO

Neste estudo, verificou-se que 112 dos 158 candidatos cuja estatura era inferior a 165 cm falharam num ou em vários outros parâmetros antropométricos significativos para a aviação. As aeronaves adquiridas aos países desenvolvidos impõem limites específicos aos parâmetros antropométricos das tripulações, de modo a facilitar uma compatibilidade eficaz entre a tripulação e a aeronave, que não pode ser comprometida. Assim, a rejeição significativa destes candidatos com uma estatura inferior a 165 cm deu origem a uma revisão das normas antropométricas da RAFO para a seleção de tripulações aéreas em termos de estatura, que deve ser fixada entre 165 cm e 188 cm. Esta alteração do protocolo de recrutamento de tripulações aéreas ajudará a reduzir a carga de trabalho desnecessária no centro médico da estação de recrutamento da RAFO.

Conclusão

Este estudo de levantamento antropométrico é o primeiro deste tipo na RAFO e proporcionou uma plataforma para compreender a seleção da tripulação aérea de Omã em termos da sua adaptação às operações de cockpit da aviação ocidental. As conclusões deste estudo reforçam a necessidade de atualizar periodicamente as normas de recrutamento militar para ajudar a desenvolver a interface homem-máquina ideal. Esta abordagem terá em consideração a política nacional: as tendências seculares das dimensões corporais da população em geral e o perfil das aeronaves adquiridas no país. Futuros estudos detalhados desta natureza nesta organização podem funcionar como uma ferramenta para fornecer dados antropométricos precisos ao fabricante de aeronaves, de modo a otimizar o processo de recrutamento entre a população em geral e utilizar recursos humanos o mais eficientes possível.

CAPÍTULO 3

ANÁLISE ANTROPOMÉTRICAISA COMPARAÇÃO ENTRE CULTURAS

Introdução

A maioria das aeronaves atualmente utilizadas nas indústrias da aviação civil e militar foi fabricada pela Rússia, pelos Estados Unidos, pelo Reino Unido ou por países da União Europeia. Estes países, sendo os principais fornecedores, sublinham fortemente a influência significativa das nações ocidentais no sector da aviação a nível mundial. Como já foi referido no Capítulo 2, a população dos diferentes países tem dimensões antropométricas diferentes, tendo os estudos concluído que a população ocidental tem uma constituição física maior do que a população oriental. Os países de Leste compram e utilizam as aeronaves fornecidas pelos fornecedores ocidentais sem que sejam efectuadas quaisquer alterações aos equipamentos das aeronaves. Neste caso, o ser humano adapta-se às necessidades da máquina em vez de a máquina se adaptar ao funcionamento humano.

A compatibilidade entre a tripulação e a aeronave é de importância primordial na aviação militar para o cumprimento das tarefas e a segurança do voo. As normas antropométricas de seleção das tripulações, tomando como exemplo a Royal Airforce of Oman (RAFO), foram imbuídas das normas de seleção das forças de defesa ocidentais, uma vez que as aeronaves foram importadas desses países desenvolvidos. Este facto conduziu a uma adaptação das normas de recrutamento, o que fez com que muitos dos candidatos não estivessem aptos a operar as aeronaves militares. Consequentemente, uma percentagem significativa da população estava fora do leque de seleção, o que significava que a seleção disponível era consideravelmente limitada devido aos esforços feitos para adaptar os aviadores nativos locais a aeronaves que não tinham sido inicialmente concebidas para eles. Por conseguinte, perdeu-se um número significativo de candidatos que poderiam ter as competências e o entusiasmo adequados.

Os dados antropométricos sobre a aviação militar oriental são escassos. Tal deve-se à falta de estudos anteriores realizados sobre o assunto, o que se deve principalmente à natureza diferente das aeronaves militares em comparação com as utilizadas na indústria civil. Estas diferenças manifestam-se principalmente na necessidade de assentos de ejeção, sistemas electrónicos especializados, velocidade e manobras. A realização de tais estudos poderá desempenhar um papel importante na alternância do modo como as aeronaves estão atualmente a ser fabricadas para tornar os acessórios mais flexíveis e adaptados a uma gama mais vasta de culturas. Tem também o potencial de apresentar ao sector da aviação informações antropométricas úteis que podem influenciar o mecanismo de execução de operações militares específicas. Estes estudos são particularmente benéficos para a aviação nos países em desenvolvimento, para além de suscitarem reflexões sobre o início do fabrico de aeronaves militares nos próprios países em desenvolvimento.

Assim sendo, este capítulo descreve o estudo efectuado para comparar os dados antropométricos dos recrutas da tripulação aérea de Omã com os dados publicados sobre tripulações aéreas ocidentais e orientais, na esperança de compreender e realçar os problemas de incompatibilidade entre tripulação e aeronave. A metodologia utilizada para obter os dados será discutida em pormenor, bem como os resultados relevantes obtidos e as suas implicações para a indústria da aviação militar. Isto poderá constituir uma plataforma futura para mais investigação neste domínio.

Método

A segurança é um aspeto imperativo no sector da aviação e é um requisito vital no sector militar. A antropometria é um elemento essencial na conceção e operação das aeronaves militares para garantir a segurança de voo. Este capítulo explora as diferenças antropométricas e compara as diversas forças aéreas. Espera-se que isto ajude a moldar o conceito e provoque alguma reflexão sobre o assunto.

Os dados foram recolhidos retrospetivamente do centro de recrutamento da Royal Air Force (RAFO). Os dados referiam-se a candidatos que foram submetidos a medições antropométricas completas durante o período de 2003 a 2012. As medidas de 2296 recrutas foram incluídas para cálculo e análise.

Para uma comparação transcultural, foram obtidos na literatura dados publicados no Reino Unido e em Singapura. Os dados de Singapura foram extraídos de um estudo antropométrico de candidatos a aviadores de Singapura. O estudo incluiu oitocentos e trinta e dois candidatos (Singh et al., 1995). Os dados da Royal Air Force, Reino Unido (RAF) foram obtidos a partir de um estudo antropométrico de 2000 tripulantes da Royal Air Force 1970/71 (Bolton, C. B. et al., 1974). A análise dos dados utilizada neste capítulo teve como objetivo estudar a associação entre as medidas antropométricas essenciais e os países em questão. Os dados foram inicialmente codificados antes de serem introduzidos na folha SPSS e, em seguida, foram selecionados para detetar quaisquer dados incompletos ou em falta. Não houve respostas erradas, pelo que a análise dos dados foi efectuada em todos os casos. A análise teve como objetivo definir estatísticas descritivas e explorar a relação entre variáveis.

Resultados

Utilizando a metodologia acima referida, obtiveram-se os seguintes resultados. A análise dos dados procurou detetar qualquer diferença significativa entre as cinco medidas e os três países diferentes. Além disso, verificou-se a correlação entre as quatro medidas, revelando qual a medida que é afetada pela altura de pé. Além disso, foi efectuada uma comparação dos percentis 5 e 95 das cinco medições para os três países. O Quadro 3-1 apresenta os valores médios, os desvios-padrão e os percentis das cinco medições registadas na análise de dados.

Quadro 3-1 Dados antropométricos dos candidatos omanenses (n= 2296)

		Standing Height (cm)	Sitting Height (cm)	Arm Reach (cm)	Thigh Length (cm)	Leg Length (cm)
Mean		171.9	90.3	77.1	58.6	104.9
Std. Deviation		4.9	2.7	3.3	2.9	4.1
Minimum		162.3	76.5	51.5	50.0	94.5
Maximum		188.5	99.0	90.0	88.0	120.0
Percentiles	3	163.6	86.4	72.0	54.9	98.5
	5	164.2	86.5	72.6	55.5	100.0
	25	168.2	88.1	75.0	56.7	102.0
	50	171.6	90.0	77.0	58.0	104.5
	75	175.0	92.0	79.0	60.0	107.5
	95	181.0	95.0	83.0	63.0	112.5
	98	183.0	96.5	84.8	65.0	114.0

As cinco medidas e os três países diferentes

O quadro 3-2 e o quadro 3-3 apresentam os resultados pormenorizados das medições antropométricas em relação aos países. As tripulações aéreas de Omã, Singapura e Reino Unido diferiram significativamente na altura em pé (F (2, 5125) =942,2, p=0,001). As tripulações aéreas do Reino Unido (M=177,4) apresentaram a altura de pé mais elevada, seguidas das tripulações aéreas de Omã (M=171,9) e depois das tripulações aéreas de Singapura (M=168,5). O teste post-hoc mostra que as diferenças foram significativas entre Omã e Singapura (p=0,001), Omã e Reino Unido (p=0,001) e Singapura e Reino Unido (p=0,001).

Verificou-se uma diferença significativa entre as tripulações aéreas de Omã, Singapura e Reino Unido no que respeita à altura sentada (F (2, 5125) =909,55, p=0,001). As tripulações aéreas do Reino Unido (M=93,6) apresentaram a altura sentada mais elevada, seguidas das tripulações aéreas de Omã (M=90,3) e depois das tripulações aéreas de Singapura (M=89,4). O teste post-hoc mostra que as diferenças foram significativas entre Omã e Singapura (p=0,001), Omã e Reino Unido (p=0,001) e Singapura e Reino Unido (p=0,001).

As tripulações aéreas de Omã, Singapura e Reino Unido apresentaram comprimentos de coxa significativamente diferentes (F (2, 5125) =540,50, p=0,001). As tripulações aéreas do Reino Unido (M=60,7) apresentaram o nível mais elevado de altura da coxa, seguidas das tripulações aéreas de Omã (M=58,6) e depois das tripulações aéreas de Singapura (M=57,3). O teste post-hoc mostra que as diferenças foram significativas entre Omã e Singapura (p=0,001), Omã e Reino Unido (p=0,001) e Singapura e Reino Unido (p=0,001).

Verificou-se uma diferença significativa entre as tripulações aéreas de Omã, Singapura e Reino Unido no comprimento das pernas (F (2, 5125) =472,05, p=0,001). As tripulações aéreas do Reino Unido (M=108,9) apresentaram o comprimento de perna mais elevado, seguidas das tripulações aéreas de Omã (M=104,9) e depois das tripulações aéreas de Singapura (M=104,7). O teste post-hoc mostra que as diferenças foram significativas entre Omã e o Reino Unido (p=0,001) e Singapura e o Reino Unido (p=0,001), mas não tão significativas entre Omã e Singapura (p=0,532).

As tripulações aéreas de Omã, Singapura e Reino Unido diferiram significativamente no alcance do braço (F (2, 5125) =421,68, p=0,001). As tripulações aéreas do Reino Unido (M=80,2) apresentaram o maior alcance do braço, seguidas das tripulações aéreas de Singapura (M=79,1) e depois das tripulações aéreas de Omã (M=77,1). O teste post-hoc mostra que as diferenças foram significativas entre Omã e Singapura (p=0,001), Omã e Reino Unido (p=0,001) e Singapura e Reino Unido (p=0,001).

Tabela 3-2 Diferenças entre os países nas medidas antropométricas.

		N	Mean	S.D	F	Sig.	Df
Stature					942.20	0.001	(2, 5125)
	Oman	2296	171.9	4.9			
	Singapore	832	168.5	5.3			
	U.K	2000	177.4	6.2			
Sitting height					909.55	0.001	(2, 5125)
	Oman	2296	90.3	2.7			
	Singapore	832	89.4	3.2			
	U.K	2000	93.6	3.1			
Thigh length					540.50	0.001	(2, 5125)
	Oman	2296	58.6	2.9			
	Singapore	832	57.3	2.6			
	U.K	2000	60.7	2.7			
Leg length					472.05	0.001	(2, 5125)
	Oman	2296	104.9	4.1			
	Singapore	832	104.7	4.7			
	U.K	2000	108.9	5.1			
Arm Reach					421.68	0.001	(2, 5125)
	Oman	2296	77.1	3.3			
	Singapore	832	79.1	3.7			
	U.K	2000	80.2	3.7			

Tabela 3-3 Teste de Tukey HSD Post-hok da diferença entre países nas medidas antropométricas.

		Diff	95% C.I		Sig.
			Lower	Upper	
Stature					
	Oman vs. Singapore	-3.40	-3.92	-2.88	0.001
	Oman vs. U.K	5.50	5.11	5.89	0.001
	Singapore vs. U.K	8.90	8.37	9.43	0.001
Sitting height					
	Oman vs. Singapore	-0.90	-1.18	-0.62	0.001
	Oman vs. U.K	3.30	3.09	3.51	0.001
	Singapore vs. U.K	4.20	3.92	4.48	0.001
Thigh length					
	Oman vs. Singapore	-1.30	-1.56	-1.04	0.001
	Oman vs. U.K	2.10	1.90	2.30	0.001
	Singapore vs. U.K	3.40	3.13	3.67	0.001
Leg length					
	Oman vs. Singapore	0.20	-0.64	0.24	0.532
	Oman vs. U.K	4.00	3.67	4.33	0.001
	Singapore vs. U.K	4.20	3.75	4.65	0.001
Arm Reach					
	Oman vs. Singapore	2.00	1.67	2.33	0.001
	Oman vs. U.K	3.10	2.85	3.35	0.001
	Singapore vs. U.K	1.10	0.76	1.44	0.001

Comparação dos percentis 5 e 95 das cinco medidas para os três países.

Os percentis 5 e 95 das cinco medidas antropométricas foram comparados entre os três países, conforme ilustrado na Figura 3-1.

A força aérea do Reino Unido detém o percentil 5 mais elevado em todas as cinco medições, seguida de Omã e depois de Singapura. Do mesmo modo, para o percentil 95, com exceção do alcance do braço, a força aérea de Singapura tem um percentil 95 mais elevado do que a força aérea de Omã.

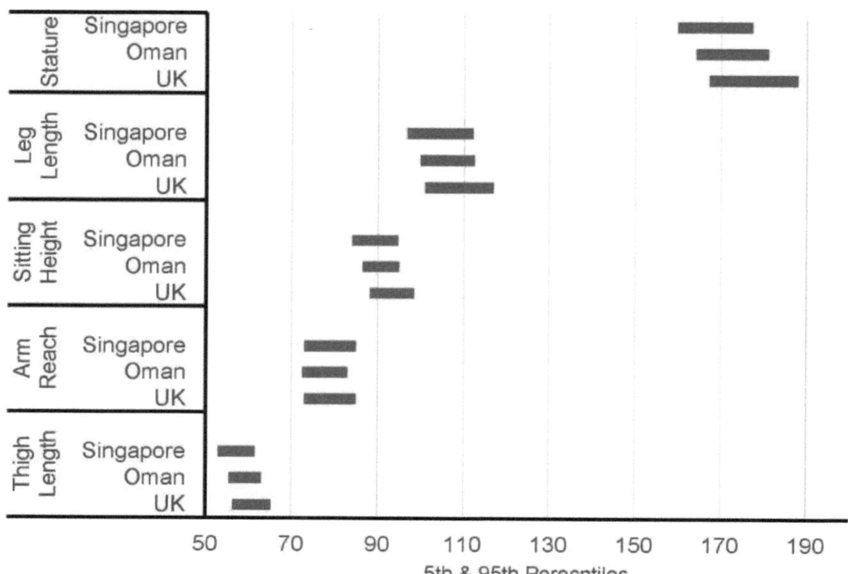

Figura 3-1Comparação das medidas antropométricas dos três países

Correlação entre medições

A única correlação significativa foi entre a altura em pé e o comprimento da coxa. Tratou-se de uma correlação perfeita (r=1,00) e significativa (p=0,001). Ou seja, à medida que o comprimento da coxa aumenta, a altura em pé aumenta.

O Quadro 3-4 examina as correlações entre as medidas e sublinha o facto de a única correlação significativa ser entre a altura em pé e o comprimento da coxa. Assim, a medida mais afetada pela altura em pé foi o comprimento da coxa.

Quadro 3-4 Correlação entre as cinco medições

	Standing Height	Sitting Height	Thigh Length	Leg Length	Arm Reach
Standing Height	1				
Sitting Height	0.983	1			
Thigh Length	1.000**	0.983	1		
Leg Length	0.941	0.987	0.941	1	
Arm Reach	0.473	0.626	0.473	0.744	1
** Correlation is significant at the 0.01 level.					

Discussão

As medidas antropométricas do corpo humano mudaram significativamente ao longo do tempo, enquanto as aeronaves foram projectadas e construídas para permanecerem em serviço durante um longo período de tempo. Esta situação pode levar a uma incompatibilidade homem-máquina que é especialmente evidente no uniforme de voo e na utilização de equipamento de proteção de segurança.

A compatibilidade entre a tripulação e a aeronave é de importância primordial na aviação militar para garantir o cumprimento da tarefa e a segurança do voo. Os padrões antropométricos de seleção da tripulação na Royal Air Force (RAFO) foram incorporados a partir dos padrões de seleção das forças de defesa ocidentais, uma vez que as aeronaves foram importadas desses países desenvolvidos. A partir daí, foram feitos esforços para adaptar os aviadores nativos locais a uma aeronave que não tinha sido inicialmente concebida para eles. Tendo em conta este facto, este estudo foi realizado para obter os dados antropométricos dos recrutas das tripulações aéreas de Omã e compará-los com os dados publicados sobre tripulações aéreas ocidentais e orientais, na esperança de compreender e realçar os problemas de incompatibilidade entre tripulação e aeronave

Este estudo sublinhou a existência de uma diferença significativa nas dimensões corporais dos diferentes grupos étnicos, o que deu origem a alguns problemas quando se trata de selecionar aviadores. Num pequeno país asiático, tomando Singapura como exemplo específico, com uma população de apenas 2,7 milhões de habitantes, existe uma taxa de rejeição mais elevada do que nos países europeus.

Neste estudo, foi efectuada uma distribuição comparativa das dimensões antropométricas entre diferentes tripulações aéreas. Observaram-se diferenças mínimas entre os recrutas de Omã e de Singapura no que respeita à estatura, à altura sentada e ao comprimento da perna, ao passo que as diferenças mais acentuadas se registaram entre Omã e a população ocidental (Reino Unido). A distribuição do comprimento da coxa em Omã situava-se a meio caminho entre a população de Singapura e a população ocidental. A distribuição do percentil 95 do Alcance do Braço para os recrutas de Omã foi comparativamente inferior à de todas as outras populações estudadas. Este facto pode causar sérias implicações ergonómicas quando as aeronaves são importadas para se adaptarem à população nativa.

O cockpit de uma aeronave foi concebido para acomodar nominalmente o percentil 5 a 95 da população em termos de parâmetros antropométricos significativos para a aviação. Os engenheiros das aeronaves militares concebem o cockpit de modo a que apenas 12-15% da população seja demasiado pequena ou demasiado grande para operar a aeronave. A maior parte da rejeição antropométrica das tripulações deve-se principalmente ao facto de não satisfazerem o limite mínimo das normas de recrutamento antropométrico.

Embora existam questões significativas associadas às diferenças nos dados antropométricos e às considerações ergonómicas, estas não têm sido amplamente debatidas no sector da aviação. Existem diferenças consideráveis nas dimensões e proporções do corpo entre os diferentes grupos étnicos, o que pode, em última análise, resultar em algumas complicações ergonómicas graves, aumentando assim as possibilidades de erro humano e, por conseguinte, de ocorrência de acidentes. As variações nas dimensões e proporções do corpo podem levar a problemas com a "posição de desenho dos olhos", para além de dificuldades em alcançar alguns dos equipamentos e pedais presentes no cockpit. Dores ocasionais, desconforto e a possibilidade de lesões são também alguns dos efeitos adversos que podem ser sentidos. Por conseguinte, deve ter-se cuidado ao instalar corpos orientais em cockpits ocidentais.

Este estudo proporcionou uma oportunidade para reconhecer as discrepâncias envolvidas na seleção de tripulantes do Médio Oriente para cockpits ocidentais. Isto também dá um novo ímpeto ao âmbito da aplicação de normas de recrutamento militar adequadas à população nativa para ajudar a interface homem-máquina ideal. Esta abordagem deve ter em conta a política nacional, as tendências antropométricas significativas da população em geral e o perfil da aeronave adquirida no país. A organização deve ter cuidado e estar ciente dos problemas que podem surgir ao adaptar padrões subantropométricos numa aeronave militar.

REFERÊNCIAS

AFMS. Instruções administrativas médicas de recrutamento das Forças Armadas do Sultão, Pub. L. No. 1/2001 (2001). Omã: As Forças Armadas de Sede dos Serviços Médicos.

Análise da Omanização? (n.d).(2016). Recuperado em 15 de junho de   2016, de https://www.mtholyoke.edu/~deflu20a/classweb/omanization/omanization. html

Bolton, C. B., Kenward, M., Simpson, R. E., & Turner, G. M. (1974). *An Anthropometric survey of 2000 royal air force aircrew, 1970/71(No. AGARD-OGRAPH-181).*

Choi, H. J., Zehner, G. F., Hudson, J. a., & Fleming, S. M. (2009). Trends in Anthropometric Measures in U.S. Air Force Aircrew Survey Data (Tendências nas medidas antropométricas nos dados do inquérito à tripulação da Força Aérea dos EUA). Em *Human Factors and Ergonomics Society Annual Meeting Proceedings* (Vol. 53, pp. 620-624).

Clayton, J. (1980). *The effects of multiple anthropometric constraints on the accommodation of personnel in operational naval aircraft.*

Himes, J. H. (1979). Secular Changes in Body Proportions and Composition [Mudanças Seculares nas Proporções e Composição do Corpo]. Monografias da Society for Research in Child Development. Em *Secular trends in human growth, maturation, and development (Tendências seculares no crescimento, maturação e desenvolvimento humano).* (Vol. 44, pp. 28-58).

Factores Humanos (n.d). (2008). In *Aviation Maintenance Technician Handbook - General* (pp. 14-1-14-30). Administração Federal da Aviação.

Lee, W., Jung, K., Jeong, J., Park, J., Cho, J., Kim, H., ... You, H. (2013). Uma análise antropométrica de pilotos de helicóptero coreanos do sexo masculino para o design do cockpit do helicóptero. *Ergonomia, 56*(5), 879-887.

MACMILLAN, A. J. (2006). Anthropometry and aircrew equipment integration

(Antropometria e integração do equipamento da tripulação).

Em D. J. R. David Gradwell (Ed.), *Ernsting's Aviation Medicine* (4ª Edição, pp. 247-256). Londres: Edward Arnold.

Olds, T., Blanchonette, P., & Stratton, D. (2007). Ajustando o Homem à Máquina: O Projeto ADAPT. *Jornal da Força de Defesa Australiana, 172*, 95-102.

Patil, G.,   & Taneja, N. (2006). Análise retrospetiva do tratamento médico inicial examination of aircrew applicants in the Indian Air Force (exame dos candidatos a tripulantes da Força Aérea Indiana). *Jornal Indiano de Medicina Aeroespacial, 50*(1), 44-94.

Força Aérea Real. (n.d). (2016). Obtido em 15 de junho de 2016, de https://en.wikipedia.org/wiki/Royal_Air_Force_of_Oman

Sharma, S., Raju, K., & Agarwal, A. (2007). Antropometria estática: Current practice to determine aircrew aircraft compatibility. *Ind J Aerospace Med, 51*(2).

Singh, J., Peng, C. M., Lim, M. K., & Ong, C. N. (1995). An anthropometric study of Singapore candidate aviators. *Ergonomics, 38f4J*(março), 651658.

Strategy, R. (2015). *Relatório final do estudo industrial da primavera de 2015 Robótica e sistemas autónomos ROBÓTICA E SISTEMAS AUTÓNOMOS 2015.*

Tanner, J. M., Hayashi, T., Preece, M. a, & Cameron, N. (1982). Aumento do comprimento da perna em relação ao tronco em crianças e adultos japoneses de 1957 a 1977: comparação com britânicos e nipo-americanos. *Annals of Human Biology, 9*(5), 411-23.

A evolução da Força Aérea Real de Omã. (n.d). (2016). Recuperado em 16 de junho, 2016 De http://www.rafmuseum.org.uk/research/online-exhibitions/an- enduring-relationship-a-history-of-frienship-between-the-royal-air-force-   and-the-royal-air-force-of-oman/the-evolution-of-omans-royal-air- force.aspx.

Tomkinson, G. R., Clark, A. J., & Blanchonette, P. (2010). Secular changes in body dimensions of Royal Australian Air Force aircrew (1971-2005). *Ergonomics, 53*(8), 994-1005.

Trudgill, M. J.,   & Harrigan, M. J. (2016). Antropometria e tripulação aérea integração de equipamentos. Em D. J. Gradwell, D. P., & Rainford (Ed.), *Ernsting's Aviation and Space Medicine* (5 ed., pp. 229-244). CRC Press.

O que é Omanização? (n.d).   (2016). Obtido em 15 de junho de 2016, de https://www.mtholyoke.edu/~deflu20a/classweb/omanization/omanization. html

yes
I want morebooks!

Buy your books fast and straightforward online - at one of world's fastest growing online book stores! Environmentally sound due to Print-on-Demand technologies.

Buy your books online at
www.morebooks.shop

Compre os seus livros mais rápido e diretamente na internet, em uma das livrarias on-line com o maior crescimento no mundo! Produção que protege o meio ambiente através das tecnologias de impressão sob demanda.

Compre os seus livros on-line em
www.morebooks.shop

Printed by Books on Demand GmbH, Norderstedt / Germany